...T-POMOLOGIQUE...
(SARTHE)
Du 17 février 18..

CONFÉRENCE

SUR LA PLANTATION DES ARBRES
A FRUITS A CIDRE,
SUR LE MODE DE FABRICATION DU CIDRE
ET DE SA CONSERVATION

PAR

M. Charles CARRÉ

MAIRE DE ROUPERROUX

PARIS
...RIE ET-LIBRAIRIE CENTRALES DES CHEMINS...
IMPRIMERIE CHAIX
SOCIÉTÉ ANONYME AU CAPITAL DE SIX MILLIONS
Rue Bergère, 20

1884

CONFÉRENCE

SUR LA PLANTATION

DES ARBRES A FRUITS A CIDRE

SUR LE MODE DE FABRICATION DU CIDRE

ET DE SA CONSERVATION

CONCOURS POMOLOGIQUE DE ROUPERROUX

(SARTHE)

Du 17 février 1884.

CONFÉRENCE

SUR LA PLANTATION DES ARBRES

A FRUITS A CIDRE,

SUR LE MODE DE FABRICATION DU CIDRE

ET DE SA CONSERVATION

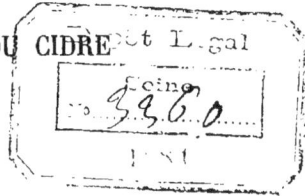

PAR

M. Charles CARRÉ

MAIRE DE ROUPERROUX

———— ◦◦ ————

PARIS

IMPRIMERIE ET LIBRAIRIE CENTRALES DES CHEMINS DE FER

IMPRIMERIE CHAIX

SOCIÉTÉ ANONYME AU CAPITAL DE SIX MILLIONS

Rue Bergère, 20

1884

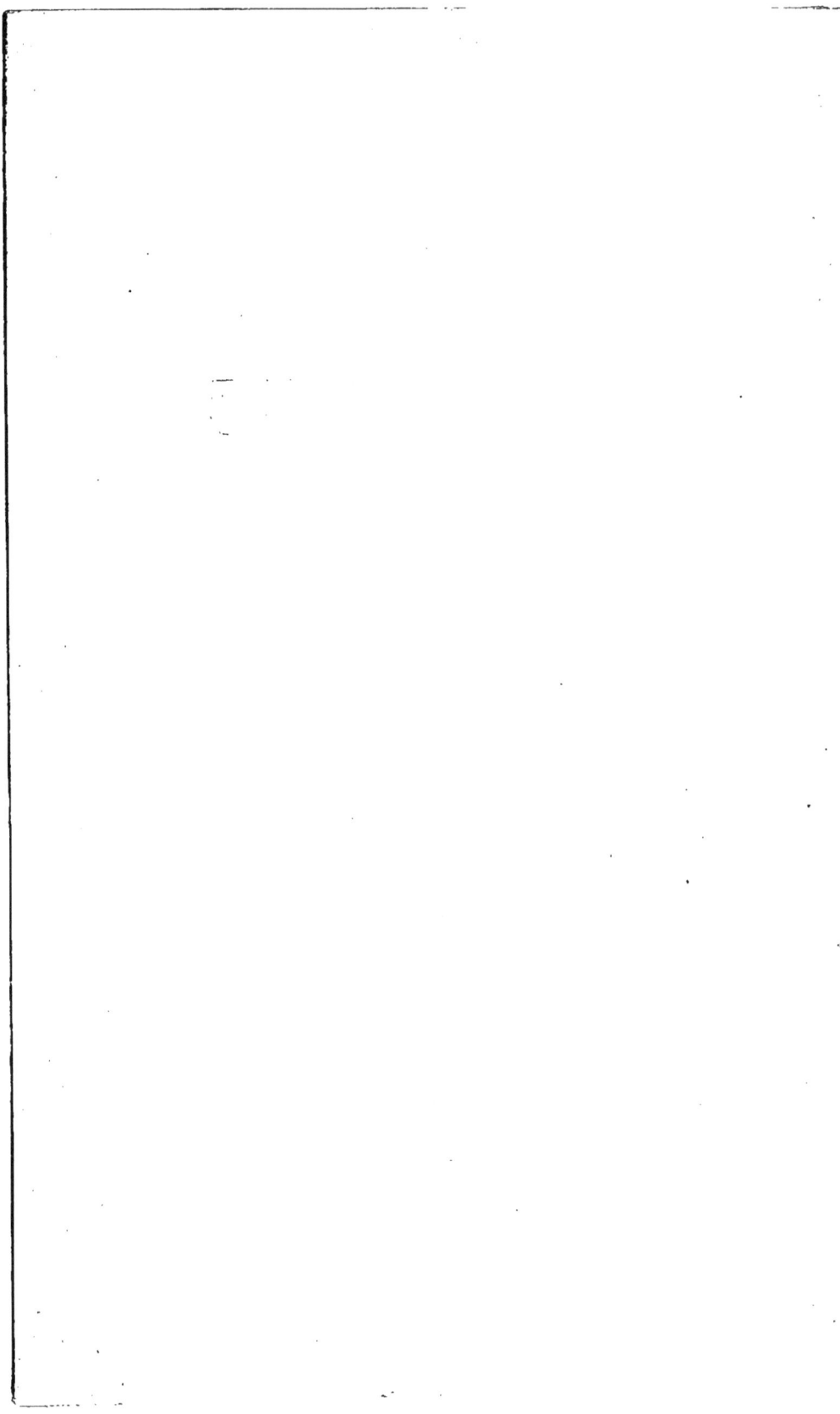

CONFÉRENCE

DES ARBRES A FRUITS A CIDRE

SUR LE MODE DE FABRICATION DU CIDRE

ET DE SA CONSERVATION

———

MESDAMES ET MESSIEURS,

Avant de commencer la conférence pour laquelle vous avez été convoqués, je tiens à vous remercier bien sincèrement de l'empressement que vous avez mis à répondre à mon invitation.

Cet empressement m'honore et tous mes efforts tendront à me montrer digne de votre attente.

Je dois tout spécialement une très vive reconnaissance à mesdames nos fermières qui n'ont point hésité à quitter leurs travaux domestiques, à déserter leurs dévotions pour venir entendre développer une question qui intéresse à un si haut degré l'avenir de notre commune.

Votre présence ici, mesdames, m'est d'autant plus agréable qu'elle me procure la satisfaction de déclarer hautement et avec la plus entière convic-

tion que la prospérité ne règne dans nos exploitations que grâce à vos principes d'ordre, d'économie
et de travail que vous possédez à un degré beaucoup
plus développé que vos maris. Ceci dit, j'entre en
matière.

MESDAMES,
MESSIEURS,
CHERS CONCITOYENS,

Je dédiais, il y a quelques années, à un homme
de bien que nous pleurons tous, à mon vieil ami
Philippe Aubry, un petit opuscule, intitulé : *Etudes
sur les arbres à fruits à cidre dans le département de la
Sarthe, mes loisirs en* 1873, dont la péroraison con-
sistait en ces quelques lignes : « Apportons tous
nos soins à la production de cette boisson qui pourrait bien devenir, dans un temps peut-être assez
rapproché, une source féconde de revenus pour
notre contrée, en présence des ravages actuels et
incessants du phylloxera. »

Eh bien ! messieurs, j'éprouve aujourd'hui tout à la
fois la douce satisfaction et l'extrême regret de vous
déclarer que mes prévisions se sont en partie réali-
sées, le phylloxera n'a pu être enrayé dans sa marche
et la production du cidre a fait de sensibles progrès.

Aussi ai-je l'intime conviction que nous pourrons
dorénavant considérer cette boisson comme constituant un appoint fort respectable de la richesse
de notre commune ; en effet, malgré les ravages que
l'hiver rigoureux de 1879 a causés aux arbres à
fruits, la fabrication ou production des cidres s'est

élevée, en 1883, au chiffre de 23,492,268 hectolitres, soit moitié en sus de la moyenne des années précédentes, sans parler des premiers cidres fabriqués avec des pommes tombées avant leur maturité et qui ont été en grande partie convertis en eau-de-vie, ni des pommes exportées tant en Angleterre qu'en Belgique pour la fabrication des sucres et gelées de pomme et du beurre des pauvres, qui n'est qu'une espèce de marmelade de pommes que l'on conserve dans des tonneaux et que, suivant un usage fort répandu dans les provinces de Liège et de Namur, l'on étend sur le pain en guise de beurre.

Car il vous sera loisible de remarquer, suivant le tableau ci-joint relatant la production des cidres en France, que la moyenne des dix dernières années de 1873 à 1883, s'élève à 11,646,808 hectolitres et que le département de la Sarthe ne tient que le onzième rang sur les 58 départements producteurs de cidre et non 26, comme l'a dit un député de l'Orne.

La récolte des cidres, en 1883.

DÉPARTEMENTS	ANNÉE 1883	ANNÉE 1882	AUGMENTATION	DIMINUTION	ANNÉE MOYENNE de 1873 à 1882.
	Hectolitres.	Hectolitres.	Hectolitres,	Hectolitres.	Hectolitres.
Ain	1.370	950	420	»	1.461
Aisne	374.036	65.424	308.612	»	219.323
Allier	12.302	12.638	»	336	5.274
Ardennes	121.581	21.012	100.569	»	74.592
Aube	45.640	15.275	30.365	»	26.845
Aveyron	13.774	25.769	»	11.995	12.219
Calvados	2.782.495	1.035.319	1.747.176	»	1.407.792
Cantal	4.721	3.694	1.027	5.978	1.575
Charente	3.232	9.210	»	»	1.881
Cher	24.122	19.112	5.010	»	12.868
A reporter	3.383.273	1.208.403	2.193.179	18.309	1.763.830

DÉPARTEMENTS	ANNÉE 1883	ANNÉE 1882	AUGMENTATION	DIMINUTION	ANNÉE MOYENNE de 1873 à 1882
	Hectolitres.	Hectolitres.	Hectolitres.	Hectolitres.	Hectolitres.
Report	3.383.273	1.308.403	2.193.179	18.309	1.763.830
Corrèze	9.214	64.139	»	54.925	15.626
Côtes-du-Nord	1.780.602	696.942	1.083.660	»	728.395
Creuse.	11.932	8.575	3.357	»	4.973
Dordogne	2.581	3.932	»	1.351	784
Doubs.	296	»	296	»	»
Drôme.	»	125	»	125	125
Eure.	1.316.089	386.043	930.046	»	659.693
Eure-et-Loir. . . .	221.183	46.720	174.463	»	123.051
Finistère.	285.710	47.679	238.031	»	98.940
Ille-et-Vilaine	3.660.393	1.784.803	1.875.590	»	2.094.599
Indre	18.849	30.296	»	11.447	7.650
Indre-et-Loir. . . .	21.191	15.019	6.172	»	6.584
Isère	100	375	»	275	419
Loir-et-Cher	56.916	38.372	18.544	»	18.999
Loir.	885	23	862	»	146
Loir (Haute-)	385	60	325	»	65
Loire-Inférieure . . .	412.940	314.983	97.957	»	209.476
Loiret.	40.892	23.400	17.492	»	15.917
Lot	2.840	4.760	»	1.920	4.570
Lozère.	86	»	86	»	»
Maine-et-Loire. . . .	56.400	62.630	»	6.230	79.254
Manche	2.434.175	688.575	1.745.600	»	1.363.966
Marne.	25.226	11.598	13.718	»	17.664
Marne (Haute-). . . .	240	40	200	»	88
Mayenne.	1.044.980	810.520	234.460	»	468.462
Meuse.	1.194	199	995	»	791
Morbihan	2.152.159	587.573	1.564.586	»	714.431
Nièvre.	11.406	4.595	6.811	»	4.780
Nord	16.991	1.202	15.789	»	12.247
Oise.	942.711	147.694	795.017	»	403.883
Orne	1.762.980	436.573	1.326.407	»	1.139.902
Pas-de-Calais. . . .	120.306	13.406	106.900	»	43.274
Puy-de-Dôme	39.495	13.883	25.612	»	4.305
Pyrénées (Basses-) . .	4.318	8.665	»	4.347	4.690
Saône (Haute-)	1.415	766	649	»	699
Sarthe.	894.113	323.580	570.533	»	255.058
Savoie.	6.239	3.802	2.437	»	3.139
Savoie (Haute-). . . .	34.461	20.752	13.709	»	33.764
Seine	380	205	175	»	385
Seine-Inférieure . . .	1.754.628	728.920	1.025.708	»	981.016
Seine-et-Marne. . . .	116.426	79.122	37.304	»	103.080
Seine-et-Oise. . . .	172.064	109.106	62.958	»	94.593
Sèvres (Deux-). . . .	5.762	9.537	»	3.775	3.091
Somme	404.732	55.793	348.939	»	159.906
Tarn.	1.200	»	1.200	»	-
Vienne.	15.560	6.380	9.180	»	1.611
Vienne (Haute-) . . .	67.070	59.056	8.014	»	24.918
Yonne.	180.280	61.880	118.400	»	74.369
TOTAUX. . .	23.493.268	8.920.611	14.675.361	102.704	11.746.608
			Augmentation : 14.572.657		

Mais cette récolte, toute considérable qu'elle puisse paraître, ne saurait néanmoins jeter la moindre inquiétude dans vos esprits au point de vue du revenu espéré, parce que, soumise à la loi de l'offre et de la demande, votre boisson saine et fortifiante qui a su, grâce à quelques soins intelligents apportés à sa fabrication, satisfaire l'exigence des consommateurs et vaincre certains préjugés, verra toujours son prix se maintenir sous l'aiguillon pressant de la consommation qui prend chaque jour un nouvel essor comme en fait foi le relevé ci-dessous des quantités de cidre soumises aux droits d'octroi de la Ville de Paris pendant les mois de mars, avril, mai, juin, juillet, novembre et décembre des exercices 1882 et 1883 et totaux généraux pour chacune de ces deux années.

RELEVÉ des quantités de cidre soumises aux droits pendant les mois de mars, avril, mai, juin, juillet, novembre et décembre des exercices 1882 et 1883 et totaux généraux pour chacune de ces deux années :

OCTROI DE LA VILLE DE PARIS

MOIS	1882		1883	
	QUANTITÉS ENTRÉES	QUANTITÉS FABRIQUÉES DANS PARIS	QUANTITÉS ENTRÉES	QUANTITÉS FABRIQUÉES DANS PARIS
	hect.	hect.	hect.	hect.
Mars	12.539 24	152 73	8.624 33	92 82
Avril	12.787 89	188 84	8.277 48	20 20
Mai.	14.031 58	5 20	12.286 96	17 20
Juin.	13.671 20	» »	16.195 63	» »
Juillet.	10.549 20	1 80	10.248 39	» »
Novembre. . .	7.982 88	177 49	12.936 32	1.094 39
Décembre . . .	10.046 59	168 60	36.136 17	708 60

ENTRÉE   FABRICATION

Total de l'exercice 1882 :   115.866^h 09   1.255^h 07   =   117.122^h 16

—   —   1883 :   135.345 35   2.611 65   =   137.957 »

Nous voyons par ce tableau que l'exercice 1883 comparé à celui de 1882, se balance par une augmentation de 20,837 hectol. 84 et que les entrées et fabrications du mois de décembre 1883, comparées à celles de 1882, sont en augmentation de 26,080 hectol. 58.

Et ce prix est d'autant mieux assuré que, scrutant d'un œil attentif le *modus vivendi* de cette boisson alimentaire, vous constaterez qu'elle est la seule, parmi ses congénères les vins, les alcools, la bière que produit le sol généreux de la France, qui n'admette pas l'intervention des produits similaires venant de l'étranger.

Ce défi jeté à toute concurrence étrangère par la production cidricole constitue pour vous, messieurs et chers concitoyens, un privilège dont l'importance serait fortement goûtée à bon droit par vos collègues de la viticulture, de la distillerie agricole et de la brasserie, continuellement en lutte avec l'importation de produits similaires. Et quoique je ne veuille pas m'appesantir trop longuement sur les effets préjudiciables de l'importation, tout en ne méconnaissant pas également les bienfaits que toute concurrence peut procurer, je me sens néanmoins amené à dire deux mots de l'introduction en France des vins, des alcools et des bières et d'en tirer les déductions que je croirai logiques et rationnelles.

En 1880 (1), la viticulture française, aux prises avec le phylloxera et fortement éprouvée par les

(1) La récolte de 1880 a été de 29,677,472 hectolitres de vin. En 1879, elle n'avait été que de 25 millions d'hectolitres.

gelées printanières, vit sa récolte moyenne de 60 millions d'hectolitres réduite de moitié, soit 30 millions d'hectolitres, quantité bien minime pour répondre aux appétits d'une consommation de 40 à 45 millions d'hectolitres. En présence de ce déficit, le commerce s'adressa au Portugal, à l'Espagne, à l'Italie, à l'Autriche, à la Turquie, qui s'empressèrent de lui envoyer de 8 à 9 millions d'hectolitres de vin. Cette importation, augmentée d'une quantité fort respectable de raisins secs, eut pour conséquence de ne point permettre à nos propriétaires viticulteurs d'obtenir de leurs vins un prix aussi élevé qu'ils auraient pu l'espérer, et de procurer à la classe ouvrière et laborieuse un vin d'une qualité médiocre, il est vrai, mais à un prix relativement bas ; de sorte que je pourrais presque dire que les effets de l'importation se sont équilibrés, tant en bien qu'en mal. Cependant, chers concitoyens, si, ici-bas, il existe encore des privilégiés, ce que je croirais assez volontiers, vu l'organisation de l'état social, le trésor public peut bien, à juste titre, occuper le premier rang de cette catégorie.

En effet, les vins étrangers, au moment de l'introduction en France, sont tenus d'acquitter les droits d'importation de 2 fr. par hectolitre, et de ce chef l'Etat encaisse annuellement 18 à 20,000,000 de francs, non compris les droits sur les raisins secs servant à faire du vin. Puis ensuite, ces vins, pris en charge, ne peuvent être livrés à la consommation qu'en payant, les uns les droits de circulation, les autres ceux de détail, d'entrée et d'octroi. Cette égalité devant l'impôt permet à l'Etat

de percevoir une somme qui le dédommage largement du déficit que lui aurait fait éprouver la
pénurie de la récolte vinicole; et, comme preuve
ou justification de mon assertion, je mettrai en
avant l'augmentation toujours croissante du ren-
dement des contributions indirectes en ce qui
concerne les boissons. Aussi ai-je été à me demander
plusieurs fois si le manque de récolte viticole,
tout en constituant la richesse nationale en perte
d'une somme équivalente à celle qu'on débourserait
pour le combler, ne serait pas une des causes
déterminantes de l'accroissement des recettes budgétaires. Cette perplexité n'a point résisté à l'examen
soutenu de cette question et aujourd'hui je confesse
que le doute a entièrement disparu pour faire place
à la certitude la plus complète. En tout cas bien
mal serait venu celui qui, en pareille circonstance,
jugerait de la fortune nationale par les recettes
budgétaires. Car il est un fait connu de chacun de
vous que, lorsque la récolte des vins et des cidres
est abondante en France, vous buvez tous, vous et
vos amis, sans acquitter aucun droit, et lorsqu'elle
est jalouse, vous en vendez en raison du prix offert
le plus que vous pouvez, puis ensuite, comme les
canards vous buvez de l'eau, à cette différence près
que vous allez boire à la fontaine et qu'ils vont à
la mare. Pardon de ces réflexions et abordons
maintenant les produits de la distillerie et de la
brasserie qui ont des attaches si puissantes avec
l'agriculture dont je suis heureux en ce moment
de pouvoir saluer les nobles représentants.

Les *distilleries* agricoles étant battues en brèche

de tous côtés par les concurrences diverses provenant tant de l'importation du maïs de l'Amérique, que des 3/6 allemands, russes et autrichiens, nos agriculteurs, principalement ceux du nord de la France, sont menacés, malgré l'augmentation de la consommation des alcools (que je regrette, soit dit en passant), de voir succomber l'un des éléments les plus riches de leurs revenus, la culture de la betterave dont les bienfaits au point de vue de la production de la viande, des grains et du sucre, ne sauraient être discutés. Néanmoins je m'empresse de déclarer que j'espérais que le nouveau décret, en augmentant les droits d'importation sur les 3/6 étrangers, rendrait la position de nos agriculteurs un tant soit peu meilleure. Mais hélas ! j'ai été déçu dans mon attente, les 3/6, de 62 francs à 65 francs cote de l'année dernière, sont tombés à 45 francs et les sucres de 60 francs à 52 francs.

Quant à la bière, la consommation de cette boisson, en France, a pris depuis quelques années un accroissement notable ; on en jugera par l'augmentation de la fabrication française et de l'importation. Depuis 10 ans, suivant documents officiels, la fabrication de la bière aurait augmenté de près du 1/3 ; de 6,400,345 hectolitres en 1871, elle s'est élevée à 8,624,762 hectolitres en 1881 ; et l'importation de bières étrangères, qui était de 279.589 hectolitres en 1872, a été de 413,675 hectolitres en 1881.

Il est vrai de dire que les belles orges de la Champagne, de l'Anjou, de la Sarthe et de la

Beauce, sont enlevées par des marchands anglais et allemands qui nous réexpédient la bière toute faite. C'est un libre échange qui ne me satisfait pas entièrement; je préférerais voir cette bière fabriquée en France avec nos orges, ce serait un travail de plus pour nos classes laborieuses dont elles retireraient tous les profits.

Tels sont les effets de l'importation sur les vins, les alcools et la bière qu'il était de mon devoir de vous énumérer pour justifier à vos yeux l'épithète de privilégié que j'avais dû donner au cidre qui est, à proprement parler, la boisson nationale par excellence.

Oui, mesdames et messieurs, je le déclare hautement ici, vous avez entre les mains une poule aux œufs d'or, ne demandant qu'à se décharger de ses trésors, à charge par vous de lui donner une nutrition saine et abondante en rapport avec ses appétits.

Je vais maintenant, vous ayant démontré le rôle important que le cidre est appelé à remplir au point de vue de la richesse nationale, rechercher avec vous les moyens que vous devez employer pour assurer sa production et vous indiquer les soins que vous devez apporter tant à sa fabrication qu'à sa conservation, afin de donner à la consommation de cette salutaire boisson l'essor qu'elle mérite à tous égards. Tel sera l'objet de la seconde partie de cette conférence.

. Les moyens les plus efficaces pour augmenter la production du cidre et propager la consommation de cette boisson consistent dans la plantation et le greffage des arbres à fruits à cidre, ainsi que dans le mode de récolte des fruits, de la fabrication et de la conservation de ladite boisson.

DE LA PLANTATION DES ARBRES A FRUITS A CIDRE

L'introduction de la culture du pommier en Normandie, que l'on croyait remonter à la plus haute antiquité, ne date que du xvie siècle. Paulmier, 1573, dans son *Traité sur le Cidre*, affirme que 50 ans auparavant cette boisson était à peu près inconnue, et que la bière était le boire commun du peuple. Cette opinion est discutée, d'autres auteurs font remonter l'usage de cette boisson au xiie siècle.

De même que nos ménagères nous disent que, pour faire un civet il faut un lièvre, ce que je croirais assez volontiers, de même je vous dirai que, pour faire de bon cidre, il faut des pommes de bonne qualité. Et comme la vigueur d'un arbre à fruits se juge aux qualités du fruit qu'il porte, plus les pommes que votre pommier vous aura données seront belles et bonnes, plus cet arbre aura été sain et vigoureux. Aussi la constitution robuste des arbres à fruits étant à mes yeux la base fondamentale de toute exploitation *cidricole*, je dois vous déclarer que j'apporterais les plus grands soins dans le choix de mes arbres et la plus grande attention dans leur mode de plantation. A cet effet, ne reculant pas devant une dépense de quelques centimes pour l'achat des arbres que je désirerais implanter, et après examen sérieux de la composition du sol des pépinières, je choisirais le sujet le mieux conformé, le plus haut de tige, ayant au moins 2 mètres du pied à la tête, et présentant les symptômes les plus certains de vigueur, peau lisse et brillante. Autant que faire se pourrait, je viendrais mes sujets en bordure, parce que l'arbre placé au premier rang, recevant plus d'air que celui placé au centre, est généralement plus robuste et parce qu'au moment de l'arrachage, le pépiniériste n'étant pas gêné dans son travail, laisse au sujet un chevelu plus abondant dont les effets au point de vue de la transplantation ne sauraient être mis en doute, par ce fait que l'arbre se nourrissant principalement par ses racines allant chercher dans le sol les principes nutritifs, plus celles-ci sont abondantes, plus elles s'approprient de sucs alimentaires.

Ayant apporté au choix de mes arbres tout le soin voulu, je procéderais au travail de la plantation.

Quoique la plantation de nos arbres à fruits à cidre se fasse de préférence au mois de novembre et au commencement de décembre, voulant assainir et fortifier la terre qui recouvrira les racines de l'arbre, je creuserais le trou en juillet ou en août, en ayant soin de mettre de côté de la terre végétale qui devra, au moment de la plantation, former la couche du fond, et si la couche végétale du sol dans lequel je désire implanter mon arbre était épaisse, je ne craindrais pas de donner au trou que je ferais un plus grand développement tant en largeur qu'en profondeur. Si au contraire cette couche végétale était faible et que je rencontrasse à une profondeur de 60 à 70 centimètres une terre argileuse, glaiseuse, formant cuvette et empêchant l'infiltration des eaux, je planterais mon sujet à la surface du sol qu'au préalable j'aurais eu soin de défoncer et que je comblerais en partie soit par des genêts, des branches de feuillage, même par de la fougère dont la décomposition formerait un humus dans lequel les racines pourraient s'étendre et y puiser la plus grande quantité de sucs.

J'apporterais le plus grand soin à ce que les racines fussent bien étalées et se trouvassent à la profondeur qu'elles occupaient dans la pépinière, je les butinerais par une large et épaisse couche végétale, et entre chaque plantation j'établirais des cuvettes qui, en recevant l'eau, permettraient aux racines de se rafraîchir; je formerais dans le sens de la plantation qui aura été faite en ligne et à une distance de 13 à 14 mètres un large sillon que la charrue respecterait à seule fin que les racines de l'arbre pussent se développer aussi facilement en largeur qu'elles le font en profondeur.

La réussite d'un arbre, c'est-à-dire la vigueur probable d'un sujet, ne réside pas seulement, messieurs et chers concitoyens, dans les soins apportés à sa plantation, elle réside également dans la perspicacité que vous aurez mise à déterminer l'endroit qu'il doit occuper. Aussi blâmerai-je l'usage assez répandu de planter des arbres à fruits à cidre dans des fonds marécageux, dans des prés baignés par une eau stagnante, parce que leurs racines étant

2

susceptibles d'absorber toutes les substances qu'elles pourraient rencontrer, il serait à craindre que, se trouvant en présence de solutions visqueuses, elles ne vinssent à puiser que de très faibles quantités de matières nutritives et dès lors le dépérissement de l'arbre, dans un laps de temps plus ou moins restreint.

Je repousserais également l'usage, assez répandu en Normandie, de consacrer à la plantation des arbres à cidre une certaine superficie de terrain à laquelle on donne le nom de verger; le terrain le plus proche des bâtiments de la ferme est ordinairement affecté à cet usage; on l'entoure de fossés profonds, et une haie épaisse le met à l'abri des ouragans et des attaques des bestiaux. Ce mode de plantation des arbres à cidre offre quelques avantages tant sous le rapport de la surveillance et des soins que l'on peut apporter à la direction de ces arbres fruitiers qui se trouvent pour ainsi dire sous la main, que sous le rapport du temps employé à faire la récolte, vu la proximité de la ferme; cependant la raison suivante me le ferait repousser. L'air ne pouvant circuler librement au sein de cette plantation, il s'ensuit que les arbres situés au milieu ne reçoivent pas une quantité d'air ambiant suffisante; ils sont, par conséquent, généralement peu chargés de fruits, et si la gelée ou le hâle, sans parler des chenilles, au moment de la floraison, atteignent le verger, la récolte sur laquelle vous fondez vos espérances est en entier compromise. Si, au contraire, vous avez divisé la plantation, il pourra se faire qu'une partie soit attaquée, mais que l'autre soit préservée ; dans ce cas, vous ne serez pas sous le coup d'un désastre complet; en un mot, la prudence exige que l'on ne mette pas tous ses œufs dans le même panier, et, comme vous le savez, elle est bonne conseillère. Je ne vous engagerais jamais, en outre, à planter vos arbres à fruits dans des prairies, parce que l'herbe prend tout au sol et ne lui restitue rien, et qu'elle forme une couche qui ne permet pas à l'air de pénétrer jusqu'aux racines des arbres.

Le sol et le climat de notre commune, chers concitoyens, se prêtent merveilleusement aux plantations des arbres à fruits à cidre : climat tempéré, sol frais et argileux : aussi vos plantations bornées à l'est par le plateau de la forêt de Bonnétable, garanties à l'ouest par le mamelon de Terrehault, se trouvent-elles à l'abri des grands froids et des tempêtes ; avantages que ne possèdent pas vos collègues normands et bretons. Les premiers sont forcés d'entourer leurs vergers de murs très hauts, et les seconds, dans le Morbihan par exemple, protègent leurs arbres fruitiers par des plantations d'arbustes très vigoureux, des pins maritimes et autres essences.

Vos arbres plantés, vous devrez, pendant leur jeunesse, les préserver des ardeurs du soleil, des insectes, de ces faux pucerons couverts d'une matière cotonneuse et blanche, disposée en flocons, qui s'attachent à l'écorce et qui en tirent leur nourriture; à cet effet vous les enduirez d'une forte couche de chaux vive qui aurait la propriété de faire périr les insectes et d'empêcher l'action du soleil sur l'écorce, inconvénient fort grave que vous devez combattre, car vous avez dû remarquer que vos arbres, transplantés de la pépinière dans vos champs, avaient beaucoup à souffrir de l'ardeur du soleil : l'écorce durcit, perd de son élasticité et s'oppose au libre accroissement de l'arbre.

Je vous donnerais également le conseil de revêtir le remblai d'un fort paillis de bruyères, de fougères ou de feuillages épais qui devra maintenir la fraîcheur aux racines de vos pommiers. Puis, pour garantir vos arbres des attaques des bestiaux, vous les garnirez d'échalas solides et d'un tuteur robuste que vous attacherez à l'aide de harts, en ayant soin d'employer la mousse comme tampon, évitant par ce moyen que le hart n'écorche l'arbre.

Que faites-vous ? Vous garnissez vos arbres, il est vrai, de quelques épines bien serrées, mais au bout d'un an elles n'offrent plus d'obstacles suffisants à vos bestiaux ; aussi ces derniers viennent-ils attaquer les sujets et souvent les renversent : de là ces arbres tortueux, penchés, que nous rencontrons dans les champs ; c'est à peine si le laboureur, en traçant son sillon, peut passer dessous ; en tous cas, les branches sont broutées par les troupeaux qui se repaissent de votre récolte, non sans y trouver de graves inconvénients.

Lorsque vos arbres plantés auront acquis une vigueur suffisante, sans vous arrêter trop à l'âge, vous devrez procéder à leur greffage.

DU GREFFAGE DES POMMIERS ET DES POIRIERS

La greffe est une opération qui consiste à implanter sur l'individu, qui reçoit le nom de sujet, un fragment de végétal appelé greffon; cette opération est connue depuis les temps les plus reculés; néanmoins, elle n'a été vulgarisée que sous Louis XIV par un nommé La Quintinie, agronome distingué et jardinier en chef de Versailles. Pour que l'opération réussisse, il faut qu'il y ait similitude entre la greffe et le sujet, et surtout adhérence par le contact des sèves des deux individus à la zone génératrice, c'est-à-dire à l'endroit où, entre l'arbre et l'écorce, se forment les tissus végétaux.

Dans l'espèce qui nous occupe, le greffage du pommier consiste à substituer l'essence connue d'un pommier à l'essence inconnue de celui que vous avez planté; l'opération a pour but de procurer un fruit dont la qualité est appropriée aux besoins de la ferme. Elle permet de fixer et de multiplier à volonté des races que tout autre mode de propagation ne pourrait maintenir. Comme vous le voyez, le greffage offre de grands avantages; néanmoins, il existe un inconvénient grave : c'est que la vie des sujets greffés est, en général, beaucoup moins longue que celle de ceux qui ne l'ont pas été.

Le procédé employé pour pratiquer l'opération de la greffe du pommier et du poirier est connu sous la dénomination de greffe par scions.

La greffe par scions consiste à implanter sur le

sujet un scion, c'est-à-dire un jeune rameau emprunté à une espèce voisine; cette implantation se fait de deux manières, désignées sous le nom de greffe en fente et greffe en couronne; la première s'emploie pour les jeunes sujets, la deuxième pour les gros arbres épuisés ou pour les jeunes sujets dont le bois est très dur.

Dans le premier cas on prend pour greffe un scion de la dernière pousse, garni de deux à cinq yeux ou bourgeons, et l'on amincit le bois en biseau; quant au sujet, on l'étête, puis on y pratique une fente dans la direction des fibres longitudinales. Cela fait, on insère le scion dans la fente en faisant coïncider avec soin les parties vivantes; on le consolide au moyen d'une ligature solide faite avec du chanvre, et on l'abrite du contact de l'air et de l'eau avec une épaisse couche de terre argileuse ou de mortier. Le tout devra être recouvert d'une paille bien agencée, ou mieux vaudrait un morceau de toile, car, dans la paille, les insectes y déposent leurs œufs. Enfin, pour garantir les jeunes greffes et les mettre à l'abri des oiseaux qui, venant s'abattre dessus, pourraient les briser, vous aurez soin d'adapter une branche recourbée en demi-circonférence, sur laquelle ils viendront se reposer.

La greffe est dite simple quand on ne met qu'un scion, et double quand on en met deux. Cette dernière est la plus usitée dans nos contrées. Cependant, lorsque l'opération a parfaitement réussi, il est préférable de ne laisser qu'une greffe, l'arbre forme mieux la tête; deux greffes provoquent souvent l'écartelage de l'arbre.

Dans le deuxième cas, dit greffe à couronne, on pose le scion sur le sujet sans fendre le cœur du bois. En conséquence, on introduit entre le bois et l'écorce plusieurs scions taillés en biseau à une face; quelquefois il est d'usage de pratiquer une fente à l'écorce sur chacun des points qui doivent recevoir un scion. Dans l'un comme dans l'autre cas, il faut saisir les instants les plus avantageux de la sève, choisir des greffes sur des individus vigoureux, mettre en contact direct et aussi intime que possible les parties vivantes de la greffe et celles du sujet, et opérer avec célérité. Opérer avec célérité ne veut pas dire que l'on puisse se dispenser de donner tous ses soins à ce travail; il faut être muni d'une scie bien aiguisée pour. étêter le sujet, d'une serpe bien tranchante pour opérer les incisions et avoir sous la main une ligature solide et une terre glaise bien délayée.

Vous conformant aux instructions ci-dessus développées, vous pourrez procéder au greffage de vos poiriers dans la première quinzaine de mars, et à celui des pommiers dans la première quinzaine d'avril.

Les chances de réussite seront d'autant plus grandes que l'opération aura été faite par un temps doux et sec, et que la sève aura été plus active dans le sujet que dans la greffe; aussi, pour obtenir ce résultat, vous conseillerais-je de cueillir vos greffes quinze jours à l'avance, de les conserver en terre à l'ombre.

On peut planter des arbres non greffés, puis les greffer ensuite, ou bien les greffer dans la pépinière et les planter à demeure deux ou trois ans après la reprise de la greffe. Ce dernier procédé est assez usité dans la Normandie, mais peu chez nous; il est vrai que la propriété est moins morcelée dans cette contrée que dans la nôtre. Cependant, vu l'accroissement que prend chaque jour la plantation des arbres à cidre dans la Sarthe, pourquoi ne vous attacheriez-vous pas à créer vous-mêmes vos pépinières? Vous pourriez, par ce système, éviter les inconvénients graves causés par la différence entre la richesse du terrain de la pépinière et la pauvreté comparative du sol sur lequel vous plantez vos arbres. Vous n'ignorez pas que les jeunes arbres à fruits élevés dans des terres ni trop légères, ni trop compactes, s'accommodent mieux du transplantement que ceux élevés dans ces pépinières, dont la richesse en engrais, suivant le désir de leur propriétaire, n'est jamais trop considérable. L'intérêt du pépiniériste peut consister à produire des arbres très promptement, à les vendre de même, mais le vôtre est bien différent. Vous devez, selon moi, dédaigner ces arbres qui, ayant pris pendant leur jeunesse un développement proportionné à la nourriture abondante qui leur était fournie, ne trouveront plus, lorsqu'ils viendront à changer de sol, les aliments suffisants pour satisfaire leurs appétits primitifs; ils languiront pendant quelques années et mourront bientôt.

Frappé des accidents communs à la greffe, j'ai été amené à me demander si la reproduction des fruits à cidre devait être confiée aux greffes ou bien au semis des pépins; à cet effet, je chargeai un des agriculteurs les plus intelligents de la commune de préparer dans mon jardin un terrain dans lequel on ferait un semis de pépins avec tous les soins et recommandations voulus ; mais hélas ! rien n'est venu, et les mauvaises langues du pays prétendent que ce sont les poules de ma ménagère qui en sont cause. Dire qu'une innovation dans la reproduction des fruits à cidre peut être reculée par le fait de la race gallinacée !

DES ESPÈCES DE FRUITS A IMPLANTER

Si l'opération du greffage mérite une sérieuse attention, le choix des diverses espèces de fruits à implanter a bien également son importance, car de lui dépend le succès espéré au point de vue de la qualité du cidre et de la quantité. Et quoique la nature des terrains et les différences d'exposition soient pour beaucoup dans la qualité des fruits et dans les propriétés des cidres, nous ne devons pas oublier que nous avons aujourd'hui pour nous un point de repère qui peut nous être très utile ; je veux parler des résultats que nous ont donnés nos concours pour les cidres : aussi vous conseillerais-je de greffer le doux de Normandie, la calotte ou bedaine, le frequin, le marion froid, le doux raté, la pomme de fer, le coqueray. Pour les poires : le crapaud, le rouge-vigné, le sauger, le brissac et le rondeau.

Chacune de ces diverses espèces de pommes offre un produit d'un caractère différent, et de leur brassage doit naître une boisson d'une qualité supérieure; en effet, les unes sont douces et ont un jus sucré et alcoolique ; les autres, acides, donnent de la fraîcheur et du piquant, et les pommes amères, par le tannin qu'elles renferment, communiquent au mélange un principe astringent et conservateur.

SOINS A DONNER AUX JEUNES ARBRES

Votre arbre planté et greffé, je vous vois d'ici, attendant avec patience qu'il veuille bien produire des fruits ; c'est à peine si de temps à autre vous daignez faire l'inspection de vos plantations et assainir par un binage le sol qui les nourrit. Je ris de votre indifférence et je me demande ce que vous penseriez de la mère de famille qui, après avoir prodigué des soins incessants à son enfant en bas âge, ne les lui continuerait plus dès qu'elle le croirait assez grand pour se tirer seul d'affaire et l'abandonnerait à ses instincts, alors qu'accompagné de ses camarades il va d'un pas leste à l'école du village. Vous la blâmeriez, j'en suis sûr, car ce passage du bas âge à l'adolescence est une des phases les plus périlleuses que nous ayons à traverser ici-bas, et cette mère oublierait que les soins physiques et moraux qu'elle doit donner à son enfant varient en raison de l'âge. De même vous devez apporter dans la direction de vos arbres des soins journaliers, vous devez guider les jeunes pousses, faciliter leur développement,

couper à l'aide de la serpe ces rejetons improduc-
tifs qui, renaissant sans cesse, absorbent la sève
et épuisent le sujet sur lequel vous fondez vos
espérances. Vous ferez avec de la lessive tiède une
guerre acharnée aux pucerons lanigères dont la
fécondité est excessive et les ravages par l'arrêt de
la sève surprenants. Vous combattrez également
le blanc des arbres, espèce de champignon qui
s'attache aux racines et les fait dépérir, et pour le
faire vous emploierez le procédé préconisé par
M. Trouillet, professeur d'arboriculture à Montreuil,
qui consiste dans l'emploi du plâtre cuit en poudre
mélangé par moitié avec du soufre pulvérisé.

Lorsque votre arbre aura acquis un développement tel qu'il pourra se passer de ces divers soins,
vous ne devrez pas moins faciliter sa production
par l'élimination de certaines branches qui gar-
nissent l'intérieur et qui empêchent la pénétration
de l'air. Vous devrez également le débarrasser de
toutes les plantes parasites, telles que le lierre, la
viorne et le gui. N'oubliez pas non plus l'écheni-
lage et ne faites pas comme certains cultivateurs
de la Flandre, qui croient à l'efficacité d'un peu
de paille qu'ils mettent le jour de Noël autour
de leurs arbres. On peut avoir de la foi, mais pas
trop n'en faut.

Alors, vous serez en droit d'espérer une récolte
de fruits que vous convertirez, par un travail intel-
ligemment fait, en une boisson saine et agréable
connue sous la dénomination de cidre.

RÉCOLTE DES FRUITS A CIDRE

La maturité des fruits, variant suivant leurs diverses espèces, s'effectue du commencement de septembre à la fin de novembre ; c'est pendant ce laps de temps qu'il faudra se livrer à la récolte. Le vent vous aura souvent devancés dans cette besogne, aussi vous devrez mettre dans un tas à part les fruits tombés sous les arbres. Cette chute, quoique prématurée, est un indice précurseur de la maturité des pommes, que vous reconnaitrez du reste à l'odeur agréable du fruit et à sa teinte jaune. La récolte des fruits doit se faire par un temps sec et doux.

Monter dans l'arbre, secouer vigoureusement les branches pour en détacher les fruits ; se servir le moins possible de ces grandes et lourdes gaules qui, très souvent, meurtrissent le fruit et provoquent sa décomposition, est à mon avis le moyen le plus sûr de ne pas gâter les pommes et de ne pas compromettre la santé des arbres. Si les fruits offraient trop de résistance, on se servirait d'une gaule légère munie à son extrémité d'un crochet à l'aide duquel on atteindrait les branches ; on les secouerait et on ferait tomber ceux qui, jusqu'alors, auraient résisté à tous les efforts. Ainsi on éviterait d'enlever à l'arbre les jeunes boutons à fruits qui, l'année suivante, en seraient chargés.

La qualité du cidre étant en raison directe de la qualité des pommes, ces dernières n'étant pas toutes de la même espèce, et chaque espèce de fruit produisant un cidre d'une qualité différente, vous aurez soin de mettre en tas distincts les diverses espèces de pommes que vous aurez récoltées. Avec ce système, au moment de la fabrication du cidre, vous pourrez, si bon vous semble, faire un brassage ou mélange des diverses espèces de pommes qui auront atteint leur maturité. Veillez bien à ce que chaque tas ne dépasse pas 0m,50 à 0m,60 de hauteur et que l'air puisse bien y pénétrer. Dans ces tas énormes que l'on fait le plus souvent, la chaleur s'élevant au centre, une partie des pommes arrive bientôt au blettissement. Ce commencement de décomposition fait disparaître le principe sucré, provoque la pourriture complète, et ne permet plus d'obtenir des fruits qu'un liquide plat et trouble qui, passant très rapidement à l'aigre ou à l'acétification, devient indigeste, malsain, et peut produire divers accidents très fâcheux. Ayez soin également de placer vos pommes dans un endroit sec, aéré, ou tout au moins sous un hangar, à l'abri de la pluie ou de la gelée.

FABRICATION DU CIDRE

Après avoir trié les pommes pourries d'avec les saines et, dans les années d'abondance, mis de côté pour les bestiaux de la ferme celles qui auront été abattues par le vent aux premiers jours de septembre ; après avoir fait un mélange par tiers des diverses espèces de pommes douces, acides et amères, vous procéderez, en décembre et janvier, à l'écrasement de votre récolte. Cette date peut sembler un peu éloignée, elle est cependant rationnelle, car, à cette époque, le fruit est complètement mûr, et, sous l'influence des gelées, la partie aqueuse a disparu ; la partie sucrée qui, plus tard, devra être convertie en alcool, s'est développée.

Le mode d'écrasement varie, il est en rapport avec la production.

L'auge, avec le pilon, sera usitée par le petit récoltant ; le tour à piler, ou bien le moulin à écraser, le seront par les grands producteurs.

L'auge se compose d'une pièce de bois plus ou moins longue dont l'intérieur est creusé à une profondeur voulue, et dans laquelle, à l'aide d'un pilon en fonte, le plus souvent en bois, on écrase le fruit. Ce système très primitif, très bon, quoique très lent, a été, jusqu'à ce jour, usité par le petit producteur qui n'a pas jugé à propos, en raison du peu d'importance de sa récolte, de se lancer dans les frais d'acquisition d'appareils dont je désire vous entretenir. Ces appareils sont le tour à piler et le moulin à écraser.

Le tour à piler, peu répandu dans les départements de la Sarthe et de la Mayenne, a été et est encore très employé dans la Normandie. Cet appareil consiste en une auge circulaire, de vingt à vingt-cinq mètres de tour, en granit tiré des environs de Vire, remarquable par sa solidité et la beauté de son poli ; cet appareil peut également être fait en bois ou en pierres de taille plus communes. Cette auge à bords évasés, ayant une profondeur de 25 à 30 centimètres, est parcourue par une meule en granit ou en bois ayant 1 mètre 60 de diamètre sur 16 centimètres d'épaisseur. Cette meule est mue par un cheval.

L'installation de cet appareil comporte un emplacement assez élevé et spacieux qui reste, après la fabrication du cidre, inoccupé et est perdu pour les travaux de la ferme pendant les trois quarts de l'année ; elle exige, en outre, une mise de fonds assez importante, variant entre 6 et 800 francs, et l'emploi pour son service d'un homme et d'un cheval. Ces divers inconvénients, joints à celui d'écraser trop fortement le fruit, de le réduire à l'état de bouillie, ce qui nuit à la clarification rapide du liquide, font que ce système a été abandonné pour le moulin à écraser. Ce système à piler peut également se critiquer sous le rapport de l'écrasement des pépins qui communiquent au moût un principe amer, une huile d'un goût peu agréable et du mucilage qui tend sans cesse à se détériorer. Mais, à cet égard, les avis sont partagés ; divers fermiers prétendent que les pépins écrasés donnent au cidre un goût agréable ; laissons cette question en suspens et que l'expérience de chacun en décide.

Le moulin à écraser est fort usité dans les départements de l'Ouest, comme dans tous les pays producteurs de cidre ; il est formé de deux espèces de noix en fonte dont les dents, s'engrenant les unes dans les autres, saisissent les pommes et les écrasent. Ces noix ont plusieurs dents de quelques centimètres de haut ; l'une d'elles est entraînée par l'autre qui est montée sur le même axe qu'une roue dentelée de plusieurs centimètres de diamètre. Cette roue reçoit le mouvement d'un pignon de quelques centimètres porté sur l'axe d'un volant que l'on fait tourner à l'aide d'une manivelle. Un fort bâti en chêne soutient le tout, et une trémie, destinée à recevoir les fruits, est placée au-dessus des noix. Le travail de l'écrasement n'exige pas une grande force, un homme seul suffit pour faire marcher le moulin qui peut broyer 7 à 8 hectolitres de pommes à l'heure. La description que je donne de cet appareil ne saurait être appliquée invariablement à tous les moulins à écraser qui fonctionnent dans nos contrées, car ces moulins peuvent différer par la forme, mais ils reposent tous sur le même principe qui consiste dans l'engrenage de deux noix saisissant le fruit et l'écrasant.

La facilité du travail, le peu d'élévation du prix d'achat qui varie de 120 à 130 francs, et enfin le peu d'espace occupé, ont ouvert les yeux aux agriculteurs sur les avantages de ce moulin et les ont amenés à se prononcer en sa faveur. C'est ainsi que le tour à piler s'est vu détrôner; ce remplacement constitue à mes yeux un progrès que je suis heureux de vous signaler.

Si le tour à piler méritait une critique au point de vue de l'écrasement du fruit réduit à l'état de bouillie, un reproche en sens opposé pourrait être formulé contre le moulin à écraser. En effet, les fruits, sortant de l'engrenage en morceaux très gros, résistant à la pression, ne rendent pas au pressoir tout le jus qu'ils renferment : un déficit de 15 à 20 0/0 se fait sentir ; aussi vous engagerai-je

je à remettre votre fruit sous le pressoir après lui
avoir fait subir un deuxième écrasement.

Il ne reste plus, pour avoir fini la description
des divers appareils qui servent à la fabrication du
cidre, qu'à vous parler du pressoir.

Le pressoir est l'appareil qui devra extraire des
fruits écrasés le suc qu'ils contiennent. Cette extraction ne peut se produire que par l'action d'une
force motrice engendrée par des organes de nature
différente. Cette diversité d'organes constitue la
distinction des appareils généralement employés
dans nos campagnes et connus sous la dénomination
de pressoirs à levier ou pressoirs à étiquet et à
vis.

Le pressoir à levier consiste en une forte pièce
de bois qui est attachée par l'une de ses extrémités
à un point fixe et qui permet d'appliquer la puissance qui peut être, soit un poids, soit la force
musculaire d'un moteur animé à l'autre extrémité.

On place la matière à comprimer entre deux
plateaux en chêne d'une épaisseur de 25 à 30 centimètres et d'une longueur déterminée, l'un mobile, composé le plus souvent de solives appelées
garnitures, et l'autre fixe appelée *maie;* le tout sup-
porté par une *baie* solide ayant une forme carrée.
La maie présente une légère pente du côté antérieur
du pressoir dans lequel on perce un conduit qui
permet au cidre de couler dans le vase destiné à
le recevoir. L'inconvénient de ce pressoir est qu'il
occupe d'autant plus de place que l'on veut obtenir
un effet plus considérable. En outre, comme la
substance à presser occupe sous le levier une

étendue assez grande, il en résulte que les diverses parties sont inégalement comprimées : aussi est-on obligé de retirer la substance à plusieurs reprises pour la presser à nouveau et, chaque fois, dans une position différente, ce qui a pour résultat d'allonger beaucoup la durée de l'opération.

Le pressoir à vis se compose de deux jumelles verticales assemblées dans une base solide qu'on nomme *semelles*, et réunies à la partie supérieure par une pièce longitudinale nommée *chapeau*.

La partie centrale de ce chapeau présente un écrou dans lequel s'engage la vis. La tête de vis appuie sur une espèce de crapaudine fixée à un plateau disposé de manière à glisser entre les deux jumelles ; enfin, un deuxième plateau est placé et demeure sur la semelle pour recevoir les fruits écrasés.

La pression s'obtient au moyen de barres qu'on introduit dans les trous que porte la tête-vis : quand on fait tourner celle-ci dans le sens convenable, le plateau supérieur descend et exerce une pression énergique sur le fruit écrasé ; le frottement empêche la vis de remonter quand elle est fortement serrée et qu'on cesse d'agir sur les barres.

Ce système de pression a engendré divers pressoirs ; aussi ai-je rencontré en Normandie et dans les pays vinicoles un autre pressoir à vis dit à *étiquet*.

Ce pressoir consiste en une presse à vis mobile dont la tête est munie d'une roue fixe, autour de laquelle s'enroule une corde qui sert à la mettre en mouvement et la fait tourner en entraînant la vis. Cette corde, à mesure qu'elle abandonne la roue, s'enroule autour de l'arbre d'un treuil qui, lui-même, est mis en mouvement par une roue à chevilles appelée *étiquet*.

Un homme, en montant sur les chevilles comme à une échelle, fait tourner la roue par son propre poids; ce même travail peut être fait à l'aide d'un arbre vertical que l'on fait tourner avec des leviers. Comme dans le pressoir à vis proprement dit, on place le fruit écrasé sur un plancher appelé maie, puis on met dessus, d'abord une planche large et épaisse appelée *manchon*, ensuite des espèces de solives appelées *garnitures*, et enfin une forte pièce de bois nommée *mouton* qui reçoit directement l'action de la vis.

Mais la diffusion des connaissances scientifiques et la création des concours régionaux ont fait naître des instruments perfectionnés, entre autres le nouveau système de pressoir à levier multiple de MM. *Mabille* frères, constructeurs-mécaniciens à Amboise.

Ce pressoir peut être à claie circulaire ou bien sans claie, avec charge carrée. La pression est obtenue à l'aide de doigts en fer qui entrent alternativement, au moyen d'un mouvement de va-et-vient du levier moteur, dans une couronne garnie de trous *ad hoc*. Le système de ce pressoir est simple et pratique. Sa puissance très grande varie entre 30,000 et 600,000 kilog. Un ou deux hommes peuvent le faire fonctionner, et un espace de 80 centimètres suffit au mouvement du levier. Le peu de poids de ce pressoir, son peu de volume,

permettent de le transporter, même sur un chariot;
joignez à ces avantages le prix qui n'est pas très
élevé, et vous penserez, comme moi, que ce nouveau système de pressoir devra se répandre dans
nos contrées.

Retirer des fruits, par la perfection des pressoirs,
la plus grande quantité de jus, ne doit pas vous
suffire; il vous faut encore, par le soin le plus
assidu dans le travail de la fabrication, obtenir la
plus grande dose de qualité. La première question
que vous aurez à vous poser est celle-ci : doit-on,
avant le pressurage, avoir recours à la macération
ou cuvage des pulpes ? Je me souviens avoir com-
battu cette méthode dans le petit opuscule que je
dédiais à mon vieil ami Aubry. Je lui recommandais
de soumettre le fruit à la pression dès qu'il aurait
été écrasé, de ne pas le laisser dans des cuviers
macérer pendant deux ou trois jours pour que la
pulpe prenne une couleur rougeâtre qui devra se
communiquer au jus, méthode usitée dans nos
contrées et que je blâmais. J'ajoutais que la fermentation des fruits écrasés, toute minime qu'elle
puisse être pendant leur court séjour dans les
cuviers, devait nuire à celle du jus lorsque celui-
ci aura été renfermé dans les tonneaux, parce que
les matières fermentescibles qui n'auraient pas été
rejetées au dehors par une fermentation tumultueuse viendraient contrarier la conversion de la
partie sucrée en alcool ; conséquemment perte pour
le cidre en richesse alcoolique.

Mais, Messieurs, la couleur plombée de plusieurs
échantillons de cidre apportés au concours m'a

vivement frappé, et, craignant qu'elle ne fût la conséquence de mes conseils, je viens dire à leurs propriétaires : Changez votre manière d'opérer.

Au sortir de l'appareil broyeur, versez la pulpe dans une cuve où elle subira pendant 12, 20 ou 30 heures, selon la température, une macération qui gonfle et désagrège les cellules et facilite l'extraction du jus; pendant cet intervalle, vous remuerez la pulpe de temps à autre pour éviter qu'elle ne s'échauffe inégalement.

La pulpe en macération se colorera au contact de l'air et, sous l'influence de l'oxygène sur le tannin, le jus prendra une couleur blonde qui lui fait défaut.

Vous formerez sur le tablier du pressoir une couche de pulpe de 12 à 13 centimètres appelée *tuiles* que vous couvrirez de paille fraîche, longue et en forme de croix; la superposition de diverses couches formera la motte qui pourra avoir un mètre de hauteur. Au besoin, pour faire cette motte, on pourrait, comme en Angleterre, se servir de sacs de crin propres et durables, dans lesquels on mettrait la pulpe. D'autres encore remplacent les couches de paille, les sacs de crin par des couches de toiles en crin, et ils se disent très satisfaits des résultats obtenus. Je vous soumets ces diverses méthodes, libre à vous d'en faire l'essai et d'appliquer celle qui vous paraîtra la plus convenable et la plus en rapport avec vos exploitations.

Le jus qui, sans pression, découlera de la motte sera appelé *mère-goutte*, et celui qui en découlera sous la première pression, *gros cidre*. Ce jus, après avoir traversé soit un tamis en crin, soit un panier d'osier garni de paille fraiche, sera reçu dans un vase, puis transvasé dans un tonneau, où il déposera. Ce tonneau devra être placé dans le cellier sur un chantier à hauteur voulue pour faciliter l'opération du soutirage, et recouvert sur la bonde d'un linge mouillé. En un espace de temps qui ne saurait excéder une huitaine, et subordonné toutefois à l'influence de la température, une fermentation tumultueuse se produira, et, dans son mouvement, rejettera au dehors diverses matières sous forme d'écume, puis, peu à peu, il se formera une croûte ou espèce de chapeau qu'il ne faudra pas briser. Dès ce moment, le cidre commence à se faire, et on pourrait, si on désire, avoir quelques bouteilles de cidre doux et mousseux, les tirer au fût et les ficeler avec soin pour éviter la casse.

Il existe un moyen bien simple pour éviter la casse des bouteilles : ce moyen, usité dans les environs de Conlie et de Fresnay, consiste à mettre, au moment du bouchage, entre les parois de la bouteille et le bouchon, un poil de soie, qui, en raison de sa capillarité, permet au gaz acide carbonique de se dégager.

Le soutirage devra se commencer aussitôt que la lie sera tombée à la partie inférieure, c'est-à-dire lorsque la grosse fermentation est passée, et vers la fin du mois qui suivra on pourra boire le cidre ; il est alors, clair et alcoolique, attendu qu'une nouvelle fermentation plus lente a eu lieu et a transformé peu à peu le sucre en alcool.

Pendant les années pluvieuses et froides, vous éprouverez quelques désappointements dans la fermentation du jus; ce jus étant fade fermente mal, reste souvent trouble et ne fournit qu'un cidre petit, plat, sans couleur et peu agréable au goût. A ces défauts on remédiera par une addition de cidre doux, c'est-à-dire du cidre doux bouilli et réduit au sixième qui s'amalgame très bien lors de la dernière fermentation; on pourra même ajouter quelques litres d'alcool ou d'eau-de-vie de cidre, ou, pour plus d'économie, faire usage du jus de poire réduit sur le feu à l'état de sirop.

La boisson connue sous le nom de *petit cidre* étant la consommation usuelle des ouvriers de nos fermes, il serait bon, je crois, de nous entretenir de la méthode la plus sûre de l'obtenir :

Prendre le marc de la mère-goutte, y ajouter de l'eau dans la proportion des deux tiers de son poids, puis le broyer, le soumettre une deuxième fois à la presse, et même une troisième fois lorsqu'il aura reçu à nouveau un tiers d'eau, est le moyen le plus sûr pour obtenir le petit cidre. Ce cidre, comme vous pensez, est très faible; aussi vous conseillerais-je de mélanger les trois brassées, pour avoir un bon cidre moyen,

L'eau entrant en très forte partie dans la composition du petit cidre, je désirerais savoir si vous apportez dans son emploi toute la perspicacité voulue : je ne le pense pas.

Au moment de l'opération, vous allez, les uns à la mare la plus proche, les autres au puits, tirer la quantité d'eau exigée, puis vous la versez sur le marc.

L'eau est-elle claire, limpide ? Non. Peu importe, il en faut, et sans aucune analyse elle est versée ; il en est de même pour l'eau du puits qui cependant, comme celle de la mare, contient des sels calcaires, des substances terreuses en plus ou moins grande quantité ; rien ne vous arrête, l'opération est faite. Mais, un jour, ces sels, ces substances terreuses se décomposent, et leur décomposition entraîne celle du petit cidre qui devient indigeste et malsain. A quoi devez-vous vous en prendre, si ce n'est à votre négligence ?

Pourquoi, quelques jours avant la fabrication du petit cidre, ne pas recueillir de l'eau de pluie, et ne vous en servez-vous pas pour cette opération ? La peine, le temps employé seraient largement rénumérés par le résultat obtenu. Ou bien encore, si l'eau de pluie fait défaut, pourquoi ne pas faire bouillir celle qui provient de la mare ou du puits ? Par le fait de l'ébullition, les substances salines, les corps étrangers se dissolvent, l'eau devient légère, et sa mixtion avec le jus de vos fruits étant en raison de sa pureté, vous n'auriez pas, dans la composition du petit cidre, à redouter les inconvénients signalés plus haut. .

L'idée que j'émets de faire bouillir l'eau qui doit entrer dans la composition de votre boisson peut vous paraître étrange et vous faire sourire : préoccupés déjà du surcroît de besogne que vous procurerait ce travail, vous vous prononcez dès ce jour pour la négative. Mais, dites-moi, est-ce que la santé de vos femmes et de vos enfants, celle de vos ouvriers ne vous imposent pas des devoirs à rem-

plir? Chose pénible à dire, vous êtes beaucoup
plus disposés à vous y conformer lorsqu'il s'agit
du bétail qui garnit vos étables ; je ne saurais en
cela que vous blâmer, car vous obéissez alors à un
sentiment vénal que je repousse et que je voudrais
voir à jamais banni de nos campagnes. Je m'arrête,
et, confiant dans vos regrets, je reste persuadé
que vous prendrez en bonne part les conseils que
je vous donne.

UTILISATION DES MARCS DE POMMES

Ayant rencontré, ces jours-ci, le long des chemins,
dans les fossés de nos routes, des tas de marcs de
pommes abandonnés ou jetés à tous vents, je me
suis promis de vous faire part de ma surprise et je
tiens parole en vous donnant les conseils suivants :

Il y a deux manières d'utiliser les marcs de
pommes ; d'abord comme nourriture pour les bestiaux (bœufs, porcs, moutons), en les mélangeant
dans les proportions du quart avec des grains con-
cassés, du son, des farines, des racines hachées,
des balles de froment ou d'avoine et du sel.

Ensuite comme engrais, en les introduisant par
couches *salées* et *plâtrées* dans les composts toujours
en confection pendant l'hiver dans les fermes bien
tenues. On les conserve en ensilant comme les
pulpes de betteraves ou simplement en les disposant
par petits tas, que l'on sale, sous des hangars ou
des paillassons à l'abri de la pluie.

DE LA CONSERVATION DU CIDRE

Si le choix des diverses espèces de fruits, si le soin apporté dans l'extraction de leur jus ont, par la qualité du produit, répondu à vos désirs, il ne faut pas croire que votre tâche soit terminée, car la conservation de cette boisson mérite encore toute votre attention. Cette question de la conservation du cidre est fort grave, elle intéresse le producteur et le consommateur: je vais essayer de la traiter.

Toute boisson fermentée, en dehors des éléments constitutifs, est empreinte d'un caractère distinctif. De l'analyse de ces composés, de l'étude de ce caractère doivent découler les moyens les plus propres pour la conservation de cette boisson.

Vous me permettrez donc de vous exposer en quelques lignes la composition chimique du cidre, de définir son caractère distinctif, de déduire logiquement les moyens que vous devrez employer pour sa conservation.

On trouve généralement dans le cidre peu de sucre, 4 à 5 0/0 d'alcool, du mucilage en assez grande quantité, un principe amer, une matière brune, du ferment, du tannin, beaucoup d'acide malique, de l'acide acétique, de l'acide carbonique et des substances salines. Telle est la composition chimique du cidre, et nous allons passer en revue chacun de ces éléments.

Le *sucre* est une matière qui possède une saveur douce et agréable, et qui, sous l'influence de l'eau

et du ferment, entre en fermentation et se transforme immédiatement en alcool et en acide carbonique.

L'*alcool* produit par le sucre en fermentation
est à l'état pur, c'est-à-dire ne renfermant pas
d'eau, un liquide incolore, très fluide, d'une odeur
pénétrante et d'une saveur presque brûlante.

Le *mucilage* est une substance analogue à la
gomme, d'une nature visqueuse et nourrissante,
qui, par sa solution dans l'eau, produit un liquide
épais et visqueux.

Un *principe amer*, c'est-à-dire un principe utile
à la nutrition, car en thérapeutique on applique
spécialement le nom d'amer à certains produits
du règne végétal caractérisés par une amertume
prononcée et qui, administrés à dose convenable,
réveillent l'énergie des fonctions digestives et
contribuent ainsi au rétablissement des forces
organiques.

Une *matière brune*, c'est-à-dire une substance d'une
couleur sombre, intermédiaire entre le rouge et le
noir, et qui donne au cidre sa couleur propre.

On appelle *acide malique* un acide qui se produit
dans un grand nombre de plantes pendant le cours
de la végétation; cet acide existe, soit libre, soit
combiné, dans tous les fruits de la famille des pom-
macées, et il leur donne cette saveur aigre qu'ils
ont avant leur maturité; il est très déliquescent,
c'est-à-dire qu'il absorbe la partie aqueuse de l'at-
mosphère et qu'il se dissout dans le liquide formé
par cette vapeur; il communique au cidre la saveur
agréable.

L'*acide acétique* est un acide d'une odeur forte et piquante ; il agit sur les ferments organiques de toute boisson qui, abandonnée à elle-même au contact de l'air, s'aigrit, se transforme en vinaigre par l'oxydation de l'oxygène.

L'acide *carbonique* est un gaz incolore d'une odeur légèrement piquante et d'une saveur aigrelette ; il se produit dans plusieurs phénomènes chimiques et physiologiques, entre autres dans celui de la fermentation des fruits.

Le *tannin* est une substance spongieuse, d'une saveur fortement astringente, qui se trouve en grande proportion dans le fruit vert et qui, peu à peu, se transforme en sucre pendant la maturation, comme l'a démontré fort récemment M. Buignet, professeur à l'École supérieure de pharmacie.

Les *substances salines :* on désigne, par ces mots, les différents corps qui, comme le sel marin, sont solubles dans l'eau et susceptibles de se cristalliser par évaporation ou refroidissement, et qui sont en outre doués de saveur et de transparence.

De l'analyse chimique de ces éléments divers et de leur définition, il découle que le cidre est une boisson saine, nutritive, et qu'une saveur acidulée, fraîche et agréable en est le caractère distinctif.

Pour conserver les qualités de ce produit, il devient dès lors évident que l'enfûtage et l'emmagasinage sont les moyens qui s'imposent d'eux-mêmes.

L'enfûtage doit être en rapport avec la production, aussi blâmerais-je le producteur qui, récoltant annuellement 20 à 30 hectolitres de cidre, garnirait son cellier d'une rangée de foudres bien propres, bien conditionnés, d'une contenance de 15 à 20 hectolitres chaque. Ce serait faire apparat d'objets inutiles, qui, comme sœur Anne, ne verraient jamais rien venir; cet ensemble, tout battant neuf et flambant, d'une propreté virginale, pourrait séduire les habitants des grandes villes, ces professeurs improvisés qui se croient d'autant plus capables qu'ils sont moins instruits; mais je trouverais mauvais que vous, hommes pratiques, vous tombassiez dans de tels errements.

Que le producteur qui compte sur une récolte moyenne de 150 à 200 hectolitres le fasse, je l'approuverais, car, vu l'épaisseur des parois des foudres, vu également le volume du liquide renfermé, l'air a moins d'accès et ne peut atteindre qu'une minime partie du contenu, l'acide acétique se dégage plus difficilement, et le cidre alors est moins exposé à contracter de l'aigreur et de l'acidité.

Il existe dans le Perche un autre mode d'enfûtage que je ne saurais recommander, je veux parler de ces pipes bâtardes d'une contenance de 1.000 à 1.200 litres, remarquables par la défectuosité de leur conditionnement, tant sous le rapport de la fabrication que sous celui du reliage, masses informes, rebelles à tous les efforts lorsqu'il s'agit de les changer de place. A peine, en cas de vente, et lorsqu'elles ont été chargées sur les voitures, si les attelages composés de trois ou quatre vigoureux percherons peuvent les faire sortir de la ferme et en effectuer le transport. Il est vrai que leur usage tend à disparaître : Dieu en soit loué !

Il ne me reste plus, pour avoir passé en revue les divers modes d'enfûtage du cidre, qu'à vous parler : 1º de la pipe d'une contenance de 650 à 680 litres, d'un usage assez fréquent dans le nord-ouest de notre département; 2º de la pièce appelée communément *busse*, dont l'emploi est répandu dans la partie sud-est avoisinant les régions que je pourrais désigner sous la dénomination de régions vinicoles.

J'admets ces deux modes d'enfûtage, et ils auraient toute ma prédilection si, toutefois, les diverses réformes que je dois vous soumettre étaient prises en considération. Ces réformes, qui porteront plus spécialement sur le premier mode d'enfûtage, c'est-à-dire sur les pipes, consisteraient dans la suppression de toutes pipes fabriquées par les tonneliers de nos campagnes avec le merrain de nos pays, et dans leur remplacement par des pipes fabriquées dans le Midi de la France, ayant contenu du trois-six Montpellier, autrement dit trois-six bon goût. Je repousserais même celles qui nous viennent des distilleries du Nord, non parce que le trois-six dit d'industrie pourrait communiquer un mauvais goût au liquide qui lui succéderait, mais bien parce que ces pipes ne sont pas d'une fabrication aussi irréprochable que les précédentes, tant sous le rapport du bois que sous celui du conditionnement. Je voudrais voir disparaître de vos celliers les pipes fabriquées par vos tonneliers avec le bois provenant du chêne que vous avez fait abattre. Je comprendrais encore votre manière de procéder si, dans le prix de revient, vous trouviez un avantage ;

mais c'est en vain que je le cherche ; je vais même plus loin, j'affirme qu'il n'y en a pas.

Veuillez bien me suivre dans la critique de votre genre d'opération et vous vous rangerez à mon avis. D'abord, que faites-vous pour vous procurer ces pipes? Vous achetez au voisin ou vous abattez sur la ferme, après l'autorisation du propriétaire, un chêne d'une belle venue ou bien encore une belle souche. Votre charpentier débite le sujet et du franc bois il extrait des planches autrement dites douelles de 3 à 4 pouces de largeur sur une longueur de 4 pieds 8 à 10 pouces avec une épaisseur de 9 lignes. Le tout assemblé, relié par des cercles de châtaignier et garni, à chaque extrémité, d'un fond ayant une hauteur de 25 à 28 pouces, vous représente la pipe d'une contenance de 700 à 720 litres. Sans vous parler de ce reliage opéré, la plupart du temps, d'une façon défectueuse par les tonneliers du village, de la porosité de votre merrain, ni de la forme disgracieuse donnée à cet assemblage qui représente plutôt une botte de gendarme qu'une futaille, je vous demanderai à quel prix de revient vous estimez cet enfûtage? Vous l'avez fait ce compte, vous le connaissez, je n'en doute pas; il se balançait, il y a 30 ans, par une dépense de 34 à 36 francs, et, aujourd'hui, en raison de la plus-value du bois et du renchérissement de la main-d'œuvre, vous ne sauriez le taxer au-dessous de 40 à 45 francs. Eh bien! la pipe dont je vous parlais il y a un instant, garnie de 8 cercles de fer, 4 en tête et 4 en bouge, faite avec un bois dur, d'un conditionnement irréprochable, tant sous le rapport de la forme que sous celui du reliage, ayant même contenu du trois-six qui, par parenthèse, pourrait augmenter la richesse alcoolique de votre cidre, vous coûterait de 30 à 32 francs rendue franco à la gare du chemin de fer la plus proche de votre exploitation.

Désireux de m'entretenir un instant avec vous des celliers et de leur installation, je ne dirai qu'un mot du deuxième mode d'enfûtage, c'est-à-dire des pièces de 220 à 230 litres; c'est que, malgré les inconvénients inhérents à leur contenance et à la porosité du bois employé à leur fabrication, ces pièces sont appelées à vous rendre de grands services en vous permettant de répondre directement aux demandes et besoins de la consommation sans passer par les mains intéressées des intermédiaires.

Le cellier étant le local destiné à abriter les fûts qui contiennent le produit de la récolte, son installation devra être appropriée à la quantité et à la nature du produit. Or, comme en ce moment je n'ai à m'occuper que de l'emmagasinage du cidre, je ne traiterai la présente question qu'au point de vue de cette boisson, laissant à d'autres la description des celliers affectés à l'emmagasinage des vins dont la composition chimique diffère notablement de celle du cidre.

Je vous demanderai néanmoins si vous ne donnez pas au mot cellier un sens plus étendu que celui que j'entends lui donner; je le croirais assez volontiers à cause de l'usage que vous faites de ce local, dans lequel vous renfermez non seulement

les fûts, mais encore toutes les provisions ménagères; usage que je ne saurais approuver, car ce
n'est pas seulement par les bons travaux prodigués
aux arbres à fruit à cidre, qu'un cultivateur intel-
ligent se distingue, mais aussi par les soins minu-
tieux qu'il apporte à l'entretien de sa cave pour la
conservation de son cidre, A cet égard, si je n'avais
à m'occuper que des gros producteurs, je me pro-
noncerais pour la suppression des celliers et je
voterais leur remplacement par des caves; mais,
comme le petit producteur, qui forme le plus grand
nombre, mérite bien qu'on pense un peu à lui,
je ne m'arrête pas à cette proposition trop radicale.
Je parlerai donc de la cave et du cellier. N'allez
pas croire que je sois disposé à vous soumettre un
plan détaillé de la cave que je voudrais voir
installer dans votre exploitation agricole, vous
ririez de mon inexpérience et en cela vous n'auriez
pas tort. Aussi, me renfermant dans mon rôle de
chercheur, je me bornerai à vous exposer les principes qui me guideraient dans la construction de
ma cave.

La cave est au caractère distinctif du cidre ce
que l'enfûtage est aux éléments constitutifs de cette
boisson; or, le caractère distinctif de ce produit
étant une saveur fraîche et agréable, je remonte-
rais à la cause, et de l'étude de cette dernière, je
déduirais les moyens les plus propres à sa conservation. La cause de cette saveur fraîche et agréable
est l'humidité du sol dans lequel le pommier croît
et produit le fruit dont vous extrayez le jus. L'arbre,
en effet, y puise, à l'aide de racines profondes, les

4

sucs alimentaires qui conviennent à sa nutrition et à sa fécondation : et conséquemment il vous faudra, pour conserver le caractère de cette boisson, concentrer dans le local qui devra l'abriter, la plus grande quantité possible d'air saturé d'humidité et de fraîcheur. Vous ne sauriez atteindre ce but qu'en creusant la cave dans un sol frais et humide, puis, à l'aide de murs épais et solides, y concentrer l'air ambiant et empêcher celui de l'extérieur d'y pénétrer afin que la température y soit en tous temps à peu près égale.

En outre, autant que faire se pourrait, je donnerais à ma cave la forme d'une voûte dont l'entrée regarderait le nord ; sa dimension serait calculée sur l'importance du produit moyen de mon exploitation.

De chaque côté, le long des murs, à hauteur raisonnée, je disposerais de larges et épais chantiers destinés à recevoir les fûts, afin que l'opération du soutirage puisse s'effectuer aisément. Tels sont les principes qui me guideraient dans une construction et que je serais heureux de vous voir suivre.

Ces mêmes règles, ces mêmes principes devront présider à l'installation du cellier, et tout en reconnaissant que le petit producteur ne doive pas s'imposer une dépense qui ne soit pas en rapport avec le résultat espéré, je tiens à déclarer qu'il n'en est pas moins tenu d'apporter dans la construction de son cellier l'économie la plus soutenue. Je lui donnerais le conseil de choisir dans le bâtiment de sa métairie le local le plus frais et le plus exposé au

nord, de l'abriter avec soin des variations atmosphé-
riques, d'éviter le contact de l'écurie et de l'étable,
de ne renfermer dans ce local que les fûts qui
contiennent ses boissons, d'en exclure tous les corps
fermentescibles, tels que le lait, les légumes d'espèces différentes qui servent à l'alimentation de sa
famille et à celle de son bétail.

Ces corps, au moment de la fermentation, peuvent,
en se dissolvant, se combiner avec les ferments
du cidre et réagir d'une manière fâcheuse sur la
composition chimique de cette boisson. Alors, de
l'alliage de ces ferments différents, naissent fréquemment des effets nuisibles à la santé du
consommateur. Prenez bonne note que le cidre est
une boisson difficile qui aime la propreté, qui veut
être bien logée et que l'on soit aux petits soins
pour elle.

DE LA CONSERVATION DU CIDRE

Cette boisson, comme toute autre, pour attirer le
consommateur, doit flatter l'œil, puis l'odorat et
enfin le goût. Il faut donc rechercher parmi les
soins divers qu'on doit lui donner, ceux qui ont
la propriété de lui conserver ses qualités premières,
de les améliorer même.

Le soutirage, le rinçage, le méchage et l'ouillage
des fûts doivent former la base, incomplète, je
l'avoue, des soins qu'on doit appliquer, et leur
application intelligente constitue, selon moi, un art
que je désignerai sous le nom de *cidrification*.

Les cidres troubles, ainsi que ceux qui ont mauvais goût, préviennent défavorablement nos sens ; on remédiera à ces défauts en ayant recours aux moyens indiqués plus haut, c'est-à-dire au soutirage, et au rinçage des fûts. Car le soutirage, en distrayant du fût le liquide limpide, en permettant de le transvaser dans un autre fût approprié à cet effet et de rejeter au dehors les matières solides et les ferments tombés au fond du fût sous forme de lie, aura la propriété de rendre la boisson claire et limpide. L'opération du rinçage d'un fût qui consiste à délayer, à l'aide d'une eau abondante, la lie qu'il contient, à détacher de ses parois tous corps qui s'y seraient attachés, à le laver et le nettoyer entièrement, a pour effet de rendre ce fût à un état de propreté telle qu'il pourra recevoir, sans crainte de lui communiquer aucun mauvais goût, le liquide qu'on vient de lui enlever.

La limpidité, la netteté de goût ne constituent pas à elles seules les qualités premières du cidre, une saveur fraîche et agréable en est le caractère distinctif. La conservation de ce caractère doit vous imposer des efforts assidus qui ne sauraient être couronnés de succès que par l'application 1° du méchage ou soufrage qui a la propriété d'arrêter le travail de la fermentation ; 2° de l'ouillage des fûts qui, en empêchant le contact de l'oxygène, contrarie l'acidification du liquide.

Si la fermentation du moût, par la conversion du principe sucré en alcool, est nécessaire à la force du cidre, poussée à l'excès, elle nuira à la saveur de cette boisson, en absorbant entièrement la douceur qui en est la base. Il est donc prudent de mettre obstacle à ce travail, en enlevant au liquide une partie de ses ferments.

Le procédé, que je vous indique, répondra à vos désirs, car le fût étant méché, le soufre absorbe l'oxygène de l'air séjournant dans le fût et se change en un acide sulfureux impropre à la combustion et à la respiration. Ce gaz, après avoir été en partie absorbé par la surface humide du bois, se dissout plus tard dans le liquide introduit dans le fût, et devient un toxique énergique pour les germes et ferments de toute nature qui se trouvent adhérents aux parois du fût, ou à l'état libre dans ce liquide; les principes fermentescibles du cidre sont, pour un temps plus ou moins long, paralysés, et, comme je l'ai dit plus haut, les matières solides et les ferments contenus dans cette boisson tombent, par l'effet de la pesanteur, au fond du fût en forme de lie.

La fermentation est donc arrêtée; il se produit alors un repos favorable pour la douceur du cidre, et, par ce fait la saveur agréable de cette boisson se trouve sauvegardée. Il y aura un temps d'arrêt dans la fermentation du cidre, mais elle renaîtra lente, imperceptible pour finir : à mesure qu'elle disparaît, le cidre devient légèrement amer, plus ou moins acide et piquant et laisse un arrière-goût variable suivant le terroir. En cet état il constitue ce qu'on appelle le *cidre paré* que plusieurs d'entre les producteurs préfèrent au cidre doux et sucré.

Ouiller un fût, c'est ajouter à un fût plein d'une

boisson en fermentation la quantité de liquide de même nature, nécessaire pour remplacer le déchet et maintenir le vase toujours plein, par ce système la boisson n'étant plus abandonnée au contact de l'air, et les agissements de l'acide acétique sur les ferments organiques ne pouvant se produire, il est incontestable qu'elle n'aigrira plus et qu'elle conservera sa fraîcheur.

Ces deux opérations, soutirage et méchage des fûts, quoique très simples, sont d'une importance telle que je me crois forcé de m'y arrêter : aussi vous donnerai-je le conseil . 1º de faire le soutirage par un temps sec et froid, le plus rapidement possible, en évitant le contact de l'air extérieur ; 2º d'abaisser légèrement et graduellement soit à l'aide d'un cric, soit à l'aide d'un bâton, la partie antérieure du fût, pour éviter que la lie ne se mêle au cidre par l'agitation trop précipitée ; 3º de ne procéder à ce travail qu'après avoir étudié la nature des cidres, car il y en a qui exigent qu'on devance pour eux l'époque du soutirage : ce sont ceux qui sont faibles. D'autres, au contraire, demandent qu'on la retarde: ce sont ceux qui sont corsés et durs. Deux soutirages doivent suffire et me paraissent indispensables : le premier aussitôt que la lie est tombée et le deuxième avant le réveil de la fermentation, qui aura été arrêtée par l'opération du méchage ; il faut alors veiller, et à la première alerte, ne pas perdre de temps et soutirer. Ce réveil se produit généralement vers la fin de l'hiver, époque à laquelle la température s'élève et vient ranimer les ferments restés engourdis dans le fût. En Normandie, on laisse les cidres trois ou quatre ans sur lie ; je ne saurais préconiser ce système, qui est loin d'avoir toutes mes sympathies.

Le méchage ou soufrage d'un fût, qui n'est, à mes yeux, que le complément d'un soutirage bien exécuté, consiste à suspendre une mèche soufrée au bout d'un fil de fer, à l'enflammer et à la plonger dans le fût ; on bouche fortement et on laisse brûler. Il arrive assez fréquemment que cette mèche, plongée dans le fût, s'éteigne ; c'est un signe certain que ce fût est aigre et que son état le rend impropre à recevoir le liquide qu'on veut lui confier. Il faut immédiatement, par une eau abondante, le rincer, le rafraîchir, puis recommencer l'opération du soufrage et, si elle réussit, verser le liquide.

Les mèches soufrées dont on se sert ne sont autre chose que des bandes de grosse toile ou de coton que l'on plonge à plusieurs reprises dans du soufre fondu, auquel l'on ajoute, dans certains pays, des poudres aromatiques ; vous voyez que, si ces mèches venaient à vous manquer, il serait facile d'en confectionner. Il pourrait se faire, malgré tous les soins apportés dans les diverses opérations que je vous conseille, que le résultat ne satisfît pas entièrement vos désirs, je veux dire que le liquide ne fût pas aussi limpide, aussi clair que vous seriez en droit d'espérer. Il faudrait, en dernier ressort, employer le collage, moyen usité pour le vin, qui n'est pas clair après le soutirage et tient en suspension de la lie infiniment divisée. A cet effet, vous prendrez des blancs d'œufs, deux ou trois par hectolitre, vous les fouetterez avec un petit balai et, lorsqu'ils seront en mousse, vous les verserez dans le tonneau, et, au moyen d'un bâton fendu en quatre que vous introduirez par la bonde et que vous ferez mouvoir rapidement, vous agiterez fortement le liquide. Le tannin et l'alcool qui existent dans le cidre détermineront la précipitation de l'albumine, et celle-ci entraînera avec elle les substances qu'il s'agit de faire disparaître,

Il y a d'autres moyens de collage, je ne vous en parlerai pas; celui-ci est bon, il doit vous suffire; du reste vous l'avez sous la main.

Suivez les divers procédés que je viens de décrire, et vous n'aurez plus de cidres troubles, mais des cidres en liqueur, très clairs, très limpides et si agréables à l'œil, à l'odorat et au goût, qu'ils seront d'une vente facile. Soyez persuadés que le prix rémunérateur de vos cidres vous récompensera largement de vos peines et de vos soins.

Il est une objection que je pressens, c'est celle-ci : les procédés que j'indique pour la conservation du cidre vous paraissent bons, mais ils ne sauraient empêcher l'acidification de cette boisson contenue dans un fût en vidange. La question me paraît judicieuse, aussi vous dirai-je que depuis fort longtemps elle a attiré mon attention. Comme vous, vingt fois j'ai remarqué que le cidre que l'on boit dans nos auberges, à nos tables d'hôte, est parfait au moment de la mise en perce du fût; mais d'un goût insipide, lorsque le fût est resté quelque temps en vidange, et toujours j'ai accusé hautement nos aubergistes, nos maîtres d'hôtel de changer la boisson primitivement présentée, de la remplacer par une autre de qualité inférieure ; pourtant ils juraient leurs grands dieux que mes reproches n'étaient pas fondés ; ces aubergistes étaient sincères, la cause réelle était l'acidification du liquide occasionnée par la vidange, mais eux seuls étaient les coupables, ils ne devaient s'en prendre qu'à leur négligence et à leur inexpérience, car ils avaient sous la main un moyen simple, peu coûteux, pour obvier à ce grave inconvénient : ce moyen est l'emploi de l'huile d'olive.

Toute boisson fermentée, abandonnée au contact de l'air, s'aigrit par l'oxydation de l'oxygène. Or, un fût étant en vidange, il y a entre le liquide et les parois du fût un espace rempli d'air ; donc ce liquide est en contact avec l'oxygène et peut s'acidifier.

Si, par un procédé quelconque, on préserve le liquide de ce contact, il ne pourra subir les influences de l'oxygène et il conservera les qualités qui lui sont propres. Eh bien, l'huile d'olive étant une liqueur grasse, fluide, à peu près insoluble à la température ordinaire, versée sur un liquide contenu dans un vase, elle s'étend, surnage, forme une nappe qui constitue entre le liquide et l'air une barrière que ni l'un ni l'autre ne peuvent franchir ; ces corps vivent séparés l'un de l'autre, donc leurs éléments constitutifs sont respectés.

L'opération que je vous conseille vous paraît peut-être présenter, à première vue, des difficultés telles que vous n'oseriez les affronter, vous auriez tort, car cette opération est simple; je vais vous en faire la démonstration, vous convaincre.

Un kilo d'huile d'olive, pour un fût d'une capacité de 650 à 700 litres, étant le volume admis, et mon fût plein se trouvant en place sur le chantier, c'est-à-dire dans une position horizontale, j'y adapterais une cannelle; enlevant alors la bonde, je remplirais d'huile l'espace qu'occupait cette dernière; puis la cannelle légèrement ouverte, je retirerais du fût une quantité de liquide égale au volume d'huile que j'aurais soin de verser avec la plus grande lenteur. Dès que mon fût serait plein, je le bondonnerais fortement. A côté de la bonde, je placerais un fausset, j'ouvrirais à nouveau la cannelle, tirerais deux ou trois litres de liquide, un vide se ferait dans le fût, alors l'huile s'étendrait, formerait la tache que j'ai désignée sous le nom de *nappe* qui suivrait la marche descendante du liquide. Au fur et à mesure qu'à l'aide de la cannelle on retirerait du fût la quantité de cidre nécessaire aux besoins journaliers, cette nappe formerait barrière entre le liquide et l'air. Le fausset que vous aurez adapté à côté de la bonde devra être levé chaque fois que vous tirerez du liquide, et remis dès que vous aurez fermé la cannelle; par ce procédé, le volume d'air introduit dans le fût sera égal au volume du liquide retiré. Cette dernière précaution est bonne à prendre, car l'air ne se renouvelant pas dans le fût, l'huile qui, au contact de l'air libre, rancit, ne pourra prendre aucun mauvais goût, conservera toute sa fraîcheur et respectera la saveur de votre boisson.

Est-ce difficile à faire? Non, n'est-ce pas? Est-ce d'une dépense onéreuse? Non, car vous pourriez, au besoin, quoique le prix d'achat fût modique, le tonneau étant vide, distraire l'huile de la lie qui serait tombée au fond du fût et l'utiliser aux besoins du ménage.

Telle est la méthode que je vous conseille de suivre, prenez-la au sérieux, expérimentez-la, et, l'année prochaine, vous pourrez me donner tort ou raison, en pleine connaissance de cause.

J'ajouterai même que l'huile a la propriété d'enlever le mauvais goût d'une boisson, et le cas échéant je vous engagerai à en faire l'essai.

Une dernière recommandation : vendez ou buvez votre cidre dans un délai assez rapproché; ne le conservez pas pendant cinq ou six ans, comme le font plusieurs d'entre vous, car alors le cidre est usé, il ressemble à ce beau vieillard de qui l'on dit en le voyant passer : « Cet homme a dû être magnifique dans sa jeunesse »! Tout ici-bas, mes chers amis, n'a qu'un temps, et je serais désolé que vous tombassiez dans les errements de nos grands-parents qui, pour nous être agréables, vont, les jours de fête, derrière les fagots, chercher une bouteille qui n'a plus du vin que le nom.

Maintenant, mesdames et messieurs, il ne me reste plus qu'à vous remercier de la bienveillante attention que vous avez bien voulu m'accorder pendant cette conférence.

J'ai peut-être été trop technique, ennuyeux parfois, cependant je compte sur votre entière indulgence et j'ose espérer que vous daignerez bien passer sur de nombreuses imperfections pour ne voir que l'intention qui m'a guidé en exposant un sujet si vital pour la prospérité de notre commune et de notre chère France.

CHARLES CARRÉ,

de Rouperroux (Sarthe),
Président de la XIXᵉ Commission locale,
Quartier Folie-Méricourt (XIᵉ arrondissement),
Membre de la Société nationale d'encouragement
à l'agriculture,
Négociant en eaux-de-vie,
30, rue de Nuits, à Bercy, et 58, boulevard Voltaire, Paris.

On lit dans *l'Avenir*, journal de la Sarthe et de l'Ouest du mercredi 12 mars 1884, l'article suivant :

Rouperroux. — *Un concours pomologique.* — « Dimanche 17 février avait lieu à Rouperroux le concours de cidre établi depuis six années par M. Carré, maire de cette commune. Grâce à ce concours, des résultats sérieux ont été obtenus dans la fabrication du cidre et dans la culture des arbres fruitiers ; aussi les producteurs se trouvent-ils maintenant en relations directes avec les acheteurs, qui ont été très satisfaits des cidres de cette contrée, et une grande partie de la production est-elle demandée à des prix très rémunérateurs.

» 41 échantillons de cidre ont été présentés par 36 concurrents dans les 3 catégories.

» 1re *Catégorie.* — Fermes de 25 hectares et au-dessus. — 1er prix : 40 francs et une médaille d'argent. — Chanclout, Eugène, cultivateur au Grand-Buis, commune de Rouperroux.

» 2me *Catégorie.* — Fermes de 4 hectares à 25 hectares. 1er prix : 40 francs et une médaille d'argent. — Denis, Théophile, cultivateur à la Fresnelle, commune de Rouperroux,

». 3me *Catégorie.* — Bordages de 1 à 4 hectares. 1er prix 40 francs et médaille offerte par M. le ministre de l'agriculture. — Vallée, Louis, propriétaire, à la Coutancière.

» Le jury était composé de 4 membres désignés par le conseil municipal.

» A la suite du concours, une conférence a été faite par M. Carré, entouré du conseil municipal et des membres de sa famille ; et, pendant plus d'une heure et demie, il a su tenir une assistance nombreuse, se composant des principaux fermiers et fermières du pays, sous le charme de cette intéressante question :

» La plantation des arbres fruitiers à cidre, la fabrication et la conservation du cidre, et des services que cette boisson rend à l'alimentation au moment où la production vinicole tend à diminuer en présence des ravages du phylloxéra

» Un banquet réunissait le soir le conseil municipal et les lauréats, et des toasts ont été portés à M. Carré, maire et conférencier, aux membres du jury, auxquels leur talent de dégustation a valu des félicitations, et à la prospérité de la commune de Rouperroux qui, grâce au dévouement de son maire républicain, entre franchement dans une ère de prospérité. »

Le journal *le Progrès de l'Ouest*, dans son numéro du 2 au 9 mars 1884, a publié ce qui suit :

Rouperroux. — *Concours des cidres.* — Nous recevons la lettre suivante :

« Dimanche, à deux heures après midi, se réunissaient dans la salle d'école des garçons : M. Charles Carré, maire ; M. Esnault, adjoint ; M. Blanchet, secrétaire de la mairie, et la Commission chargée de la dégustation des cidres. Sur la table se trouvaient quarante et un échantillons déposés par trente-sept concurrents agriculteurs de la commune. Les formalités remplies, conformément au programme du concours, ont été proclamés lauréats :

» 1° M. Chanclout, Eugène, cultivateur au Grand-Buis, a obtenu une médaille d'argent et une somme de 40 francs, dans les fermes de 20 hectares et au-dessus ;

» 2° M. Denis, Théophile, cultivateur à la Fresnelle, a obtenu une médaille d'argent et une somme de 40 francs dans les fermes de 5 à 20 hectares ;

» 3° M. Vallée, Louis, cultivateur à la Coutancière, a obtenu une somme de 40 francs et la médaille d'argent accordée par M. le ministre de l'agriculture.

» 4° M. Émile Levasseur, cultivateur à la Thibaudellerie, ferme classée dans la première classe, a obtenu une médaille d'argent seulement.

» Il est entendu que ces médailles et primes sont données par M. Charles Carré, sauf la médaille de M. le ministre, accordée sur ses démarches.

» Immédiatement après la proclamation de ces prix, M. Carré, maire, a fait une conférence sur la plantation des arbres à fruits à cidre, sur la fabrication et la conservation de cette boisson. Pendant plus d'une heure et demie, il a charmé et vivement intéressé son auditoire composé de plus de deux cents personnes, où dominaient les fermiers et fermières non seulement de Rouperroux, mais aussi des communes voisines, en donnant des conseils et des instructions sur les trois points indiqués dans le titre de sa conférence.

» Après la séance levée, MM. Leveillé, de Paris ;

Barrier et Launay, du Mans, parents de M. Carré, qui étaient venus rehausser l'éclat de cette fête, se sont cotisés pour qu'il y eût à l'instant une distribution de 80 kilog. de pain pour les indigents de Rouperroux.

» Enfin la fête s'est terminée par un joyeux repas, offert par l'honorable M. Carré, aux conseillers municipaux, aux lauréats et aux membres de la commission de dégustation.

» Je vous prie, monsieur le rédacteur, de vouloir bien insérer cette lettre dans le plus prochain numéro de votre journal, le *Progrès de l'Ouest*, Puisse le bon exemple, donné par M. Carré, trouver des imitateurs dans les municipalités de notre contrée pour démontrer l'importance que cette boisson est appelée à rendre en présence des malheureux ravages causés à la vigne !

» Veuillez agréer, monsieur le rédacteur, l'expression, etc. »

IMPRIMERIE CENTRALE DES CHEMINS DE FER. — IMPRIMERIE CHAIX.
RUE BERGÈRE, 20, PARIS. — 9382-4.

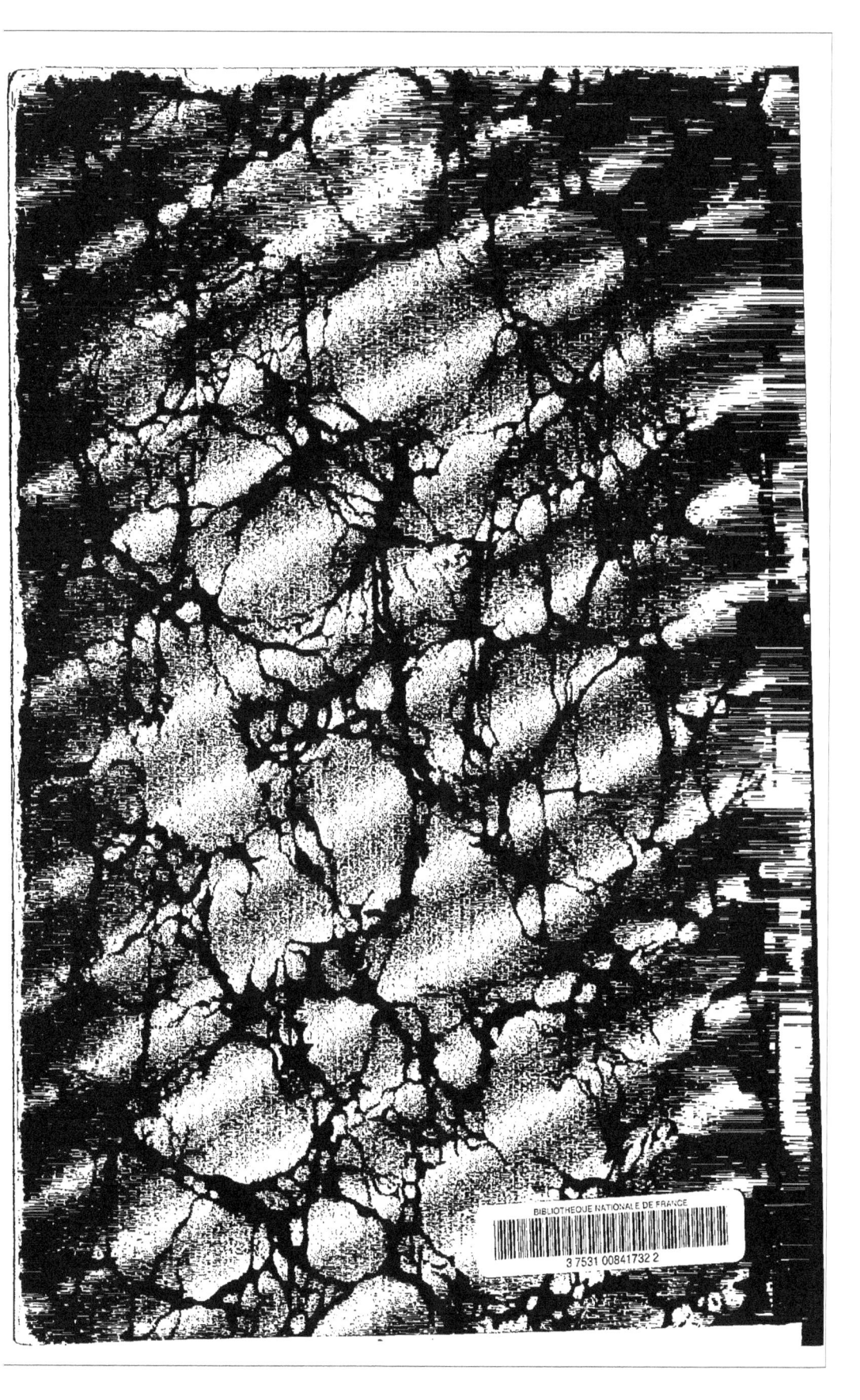